ごみはどこへ行くのか？

収集・処理から資源化・リサイクルまで

[監修] 熊本一規

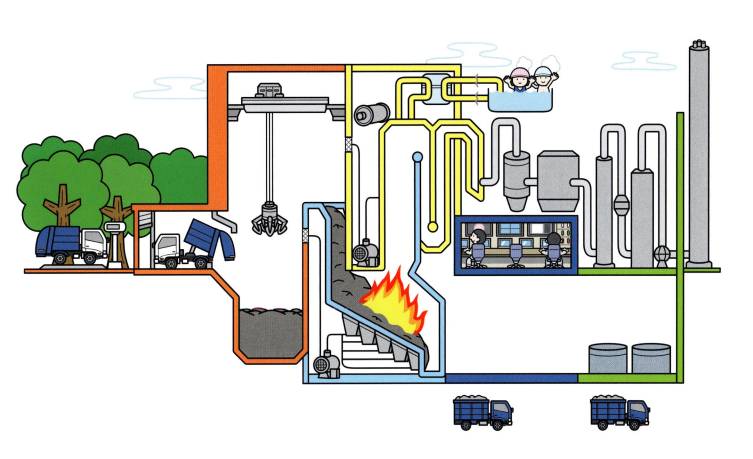

PHP

はじめに

　もしも、ごみが処理されなかったら、どうなるでしょうか？　町にはごみがあふれ、環境が汚染されます。また、ゴキブリやネズミなどがはびこり、伝染病がはやります。そのため、市町村がごみを収集し、処理をする制度がはじまったのです。
　ごみが"生ごみ"中心の時代には、ごみを肥料にしたり、土の中に埋めて処理したりすることもできていました。しかし、プラスチックは肥料にすることも土の中に埋めて処理することもできません。燃やすと有害物質が出るので、公害防止施設なしには燃やすこともできません。そのため、プラスチックなどの合成化学物質が生産されるようになると、多くのごみ処理施設（清掃工場や処分場）をつくる必要にせまられました。

　ごみ処理施設は、技術や規制が不十分だと汚染源になってしまうため、施設設置に周辺住民が反対することも少なくありません。ごみ処理施設が汚染をもたらすことのないよう、技術や規制を絶えず改めていく姿勢が大切です。

　ごみは見方を変えれば資源です。生産物を消費したあとに廃棄することを続ければ、資源は枯渇し、処分場は満杯になってしまいます。そのため、1990年ごろから、ごみを資源と見なして、できる限りリサイクルを進め、循環型社会をつくっていくことが、世界的にめざされるようになりました。

　ごみ処理やリサイクルについて理解し、循環型社会をつくっていくことは、環境汚染をふせぐうえでも、資源枯渇をふせぐうえでも、重要な課題になっているのです。

熊本一規

もくじ

はじめに …………………………………………………………… 2

この本の使いかた ………………………………………………… 6

第1章 調べよう！ ごみのゆくえ

ごみって何だろう？ ……………………………………………… 8

ごみ収集の流れ …………………………………………………… 10

ごみ収集車のしくみ ……………………………………………… 12

ごみの運搬方法 …………………………………………………… 14

ごみのゆくえ ……………………………………………………… 16

コラム 地域によってことなる「ごみの分別」
〜福岡県・大木町の取りくみ〜 ……………………………… 18

第2章 探検しよう！ ごみの処理場

清掃工場ってどんなところ？ …………………………………… 20

清掃工場ではたらく人々 ………………………………………… 22

清掃工場のしくみ①
ごみの到着から焼却炉まで ……………………………………… 24

清掃工場のしくみ②
焼却炉のはたらき ………………………………………………… 26

清掃工場のしくみ③
熱の利用 …………………………………………………………… 28

清掃工場のしくみ④
排ガスの処理 ……………………………………………… 30

清掃工場のしくみ⑤
中央制御室・整備係の役割 ………………………… 32

不燃ごみ処理センターのしくみ① ……………… 34

不燃ごみ処理センターのしくみ② ……………… 36

粗大ごみ破砕処理施設のしくみ① ……………… 38

粗大ごみ破砕処理施設のしくみ② ……………… 40

埋立処分場のしくみ① ………………………………… 42

埋立処分場のしくみ② ………………………………… 44

コラム 海外の「ごみ処理」のしくみ
〜ドイツのデポジット制度〜 ………………… 46

第3章 わたしたちがめざす循環型社会

リサイクルのしくみ ……………………………………………… 48

びんのリサイクル …………………………………………… 50

かんとペットボトルのリサイクル ……………………… 52

プラスチックのリサイクル …………………………… 54

紙のリサイクル …………………………………………… 56

再利用できるさまざまな資源 ……………………… 58

循環型社会をめざして ………………………………… 60

さくいん ……………………………………………………… 62

この本の使いかた

第1章　調べよう！　ごみのゆくえ

家から出されたごみは、どのように集められ、どこへ運ばれるのでしょう？
ごみが処理場にたどり着くまでのゆくえを追います。

第2章　探検しよう！　ごみの処理場

処理場に集められたさまざまな種類のごみは、燃やすだけでなく、貴重な
資源が取り出されています。処理の流れをイラストと写真で学びましょう。

第3章　わたしたちがめざす循環型社会

ごみを減らすためのリサイクルについて考えましょう。資源はどのように
活かされているのでしょうか？　そして、なぜリサイクルは必要なので
しょうか？

こうやって調べよう！

● もくじを使おう

知りたいことや興味があることを、もくじから探してみましょう。

● さくいんを使おう

知りたいことや調べたいことがあるときは、さくいんを見れば、それが何
ページにのっているかがわかります。

> **注意**
> 本書は、東京23区の取材をベースに制作しています。そのため、ごみの処理方法は
> 基本的に東京23区の方法に準じています。地域によりちがいがありますのでご注意
> ください。

第1章
調べよう！
ごみのゆくえ

ごみって何だろう？

中央防波堤外側埋立処分場（東京都江東区青海地先）のようす（2006年撮影）

🗑 不要になったものが「ごみ」

「ごみ」とは何でしょう。それは、使っている人にとって不要となって、その人が住んでいる行政機関（市役所や役場などのこと）に処理をお願いする「廃棄物」のことです。

みなさんの家から出る廃棄物は、台所から出る生ごみや紙くず、ジュースやコーラのあきびんやあきかんなどでしょう。これを法律で「一般廃棄物」と呼んでいます。

なお、会社から出る廃棄物は、生産活動にともなうものを「産業廃棄物」と呼び、それ以外の、オフィスからの紙ごみなどは「一般廃棄物」にふくまれます。

一般廃棄物と産業廃棄物

第1章　調べよう！　ごみのゆくえ

🗑 ごみを分けてみよう！

では、この「一般廃棄物」を出すときには、どんな分けかたをするのでしょうか。

市区町村によってもちがいがありますが、可燃ごみ（燃やすごみ）、不燃ごみ（燃やさないごみ）、資源、粗大ごみ、有害ごみ、処理困難物に分別されることが多いようです。

行政機関がみなさんの家にくばっている「ごみの出しかた」などを見て確認してください。

ごみの種類

「可燃ごみ」（燃やすごみ）
いちばん多いのは生ごみです。紙くずやぼろぼろになった布なども可燃ごみにふくまれます。

「不燃ごみ」（燃やさないごみ）
なべやフライパンなどの金属類、食器などのガラス、茶わんなどの陶器、古くなった電球などがふくまれます。われたものは収集職員がけがをしないように、厚紙などでくるみます。

「粗大ごみ」
いすやつくえ、たんすなどの家具やふとん、古くなった自転車などです。

「資源」
資源になるものは古紙、びん、かん、ペットボトル、プラスチック製容器包装などです。

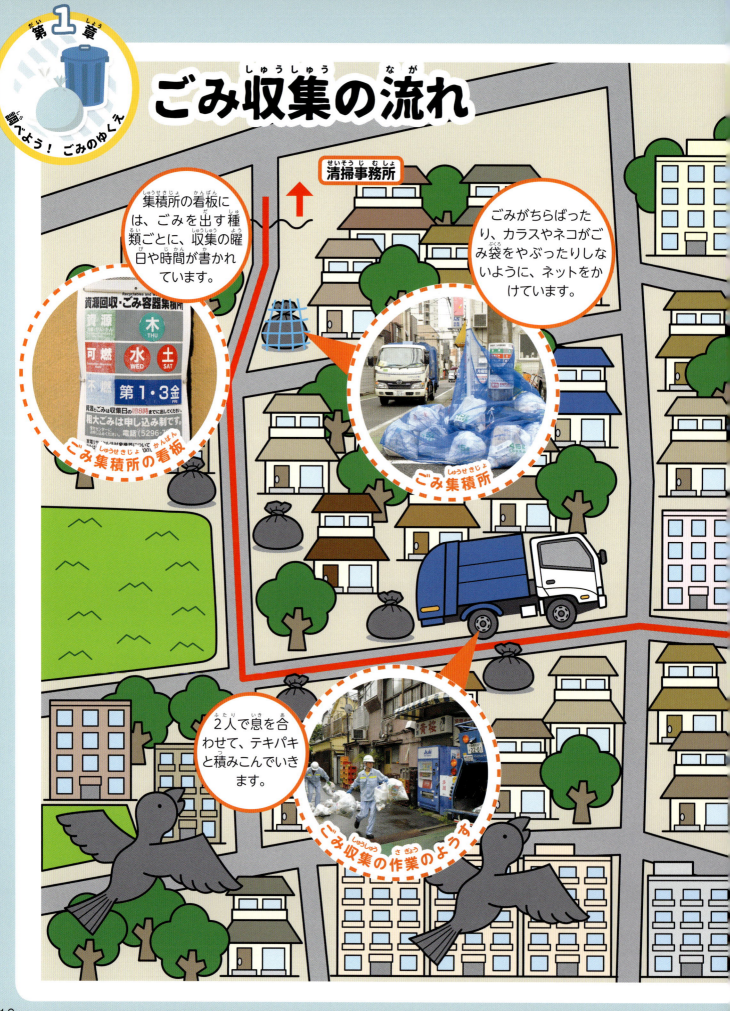

第1章 調べよう！ ごみのゆくえ

🗑 ごみはどうやって集められるの？

家からごみ置き場に出したごみは、どのようにして集められるのでしょうか。市区町村によって、ごみの集めかた（収集方法、収集日、収集回数など）に少しちがいはありますが、基本は同じです。ごみの収集は、収集職員2人と運転職員1人の3人でセットのチームをつくり、「ごみ収集車」でおこないます。朝早くに清掃事務所を出発し、住宅地へと向かいます。住宅地や、アパートやマンションなどの集合住宅にはごみ集積所（ごみステーション）が設置されています。

ごみ収集車のしくみ

第1章 調べよう！ごみのゆくえ

安全に、効率よく集めるために

　ごみ収集は、市区町村の職員がおこなう場合もあれば、市区町村から委託された民間企業がおこなう場合もあります。

　ごみ収集車の後ろには、大きなスライド板と圧縮板がついています。圧縮板が袋に入ったごみを押しこむので、一度に約1.6トンものごみを集めることができます。

　収集職員が圧縮板にまきこまれたら大変なので、車体後部には作業のようすが運転席でわかるカメラや緊急停止ボタンがついています。また、排気ガスが収集作業中に後ろから出ないようにするなど、ごみ収集車には、ごみを安全に積みこむためのくふうがたっぷりほどこされています。

のぞき窓

小型プレス車

運転席

運転席のドア

モニター
車の後ろのようすを確認することができます。

T字マフラー
排気口を2つに分け、人が後ろで作業しているときはガスが後ろから出ないようになっています。

操作スイッチ

運転席のようす

13

ごみの運搬方法

🗑 ごみはどうやって運ぶの？

　ごみの運搬方法は、大きく3つに分けられます。可燃ごみは、ごみ収集車（小型プレス車）で清掃工場へ運びます。不燃ごみは、直接、あるいはコンテナ車や船舶に積みかえて、不燃ごみ処理センターへ運びます。粗大ごみは小型ダンプ車で直接運びこむか、不燃ごみと同じように小さな収集車から中型プレス車に積みかえて粗大ごみ破砕処理施設に運んでいます（→ P.16～17）。

ごみを運搬する車

コンテナ車
コンテナの積み下ろしができる車両。不燃ごみなどを運びます。

軽小型ダンプ車
荷台をかたむけ、ごみを下ろすことができるダンプ車。小型のため細い道も通ることができます。

　ごみ収集車には、ほかにもいろいろなタイプがあります。せまい路地に入ってごみを運ぶための軽小型車や、積みかえ用の大型車・小型プレス車もあります。

第1章 調べよう！ごみのゆくえ

清掃事務所に運ばれた粗大ごみは、ダンプ車からプレス車に積みかえられます。くだけやすいものにマットをかぶせるなど、くふうしながら積みこんでいます。家具などは木くずが飛ぶため、晴れの日には水をふきかけて作業しています。

収集職員の服そう

- ヘルメット
- 動きやすい作業着
- 手袋
- 安全靴

雨の日も風の日も雪の日も、職員はごみの収集に向かいます。安全に作業をするために、ヘルメットや手袋、作業着、安全靴を着用し、いつでも身軽に動けるスタイルが大事です。雨が降っていれば雨用の手袋や靴に変えます。

インタビュー
収集職員 高橋 正智さん

わたしの仕事は、町をきれいに保つために、いらなくなったごみを集めて運ぶことです。台風や地震などの災害時も休まずにはたらいています。真夏はごみのにおいがきつくなりますし、真冬は手先が冷えて動かないこともあります。大変なことも多いですが、町がきれいになることで、住民のみなさんに喜んでもらえることがわたしの喜びです。みなさんにも、町をきれいにするために小さなことから協力してもらえたらうれしいです。

ごみのゆくえ

🗑 ごみはどこへ行くの？

家庭から出たごみのうち、燃やすごみは清掃工場へ、燃やさないごみは不燃ごみ処理センターで細かくくだき、その中から資源化可能なものをのぞき、埋立処分場へ持ちこまれます。

粗大ごみは粗大ごみ破砕処理施設に運ばれ、細かくくだいて、資源として再利用します。資源化できないものは、埋立処分場へ持ちこまれます。

アルミかんやスチールかん、古紙や廃プラスチック類などの資源は、資源化（リサイクル）センターからリサイクル工場へと向かいます。

そして、どうしてもリサイクルできないものが埋立処分場に運ばれるのです。

ごみを分別して出そう！
わたしたちが出すごみはどこでどうやって処理されるのかな？

➡ 可燃ごみ　➡ 粗大ごみ
➡ 不燃ごみ　➡ 資源

粗大ごみ

資源
（新聞・雑誌・びん・かん・ペットボトルなど）

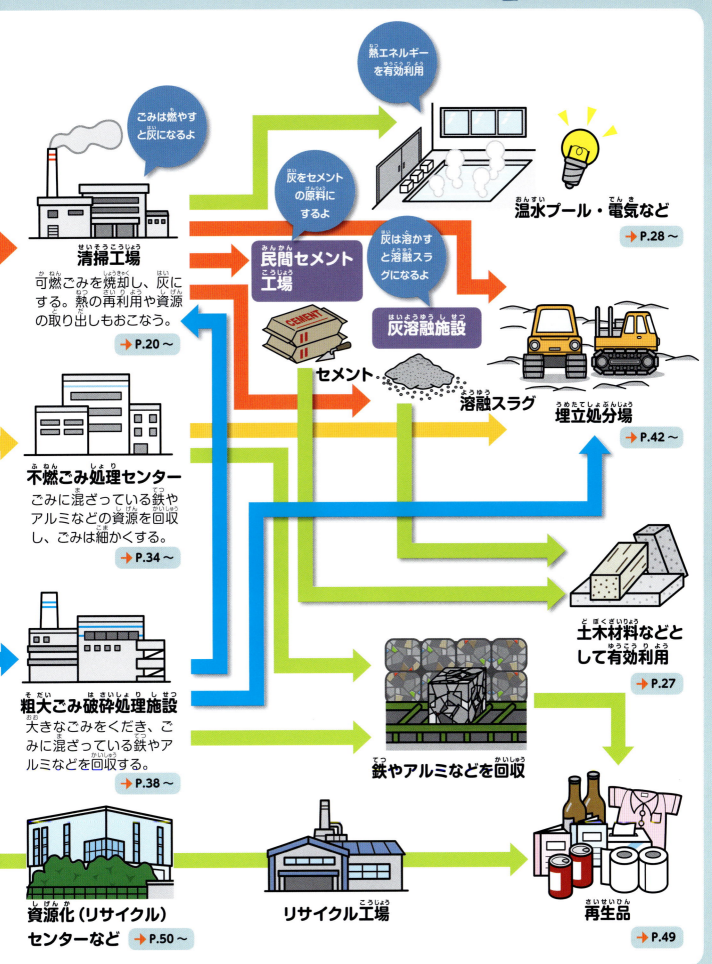

コラム 地域によってことなる「ごみの分別」
～福岡県・大木町の取りくみ～

　日本では、2種類に分別する自治体から40種類もの分別をおこなう自治体まで、さまざまです。また「ゼロ・ウェイスト」を目標にかかげる自治体もあります。ゼロ・ウェイストとは、出たごみをどう処理するかではなく、はじめからごみを出さないようにする取りくみのことです。

　そのうちの1つ、福岡県三潴郡の大木町の事例を紹介します。大木町は人口1万4356人（2017年8月末時点）の町ですが、近隣の自治体と協力してゼロ・ウェイストに向けたいろいろな取りくみをおこなっています。

　たとえば、生ごみは燃やすごみではなく、生ごみとして回収しています。これは発酵させて液体肥料にし、農地に還元したり、発電に利用したりしています。また、紙おむつも個別に回収しています。これは「再生パルプ」として素材にもどし、建築資材などに再利用できるのです。

　あなたの住む地域ではどのようなごみ分別をしているでしょうか。調べてみましょう。

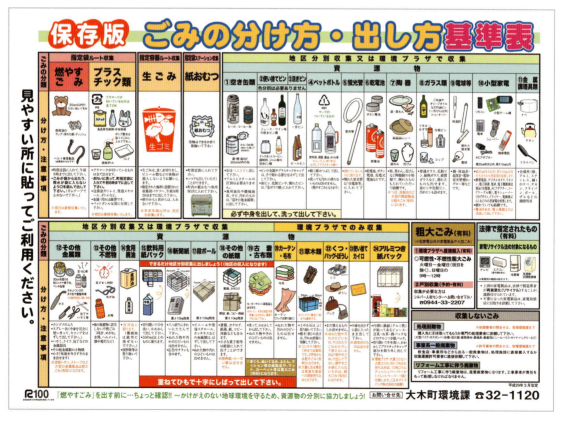

大木町のごみ分別のポスター。細かい分別方法が示されている。

第2章
探検しよう！ごみの処理場

第2章 探検しよう！ごみの処理場

清掃工場ってどんなところ？

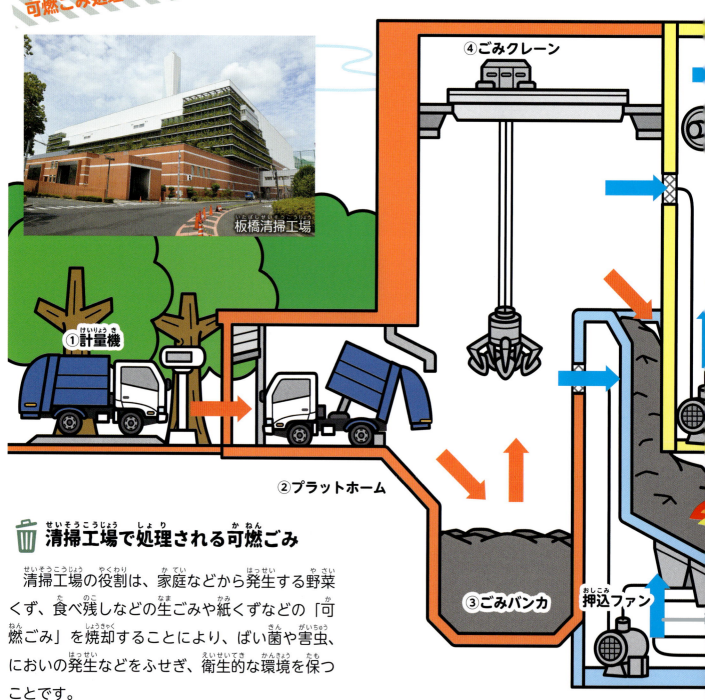

可燃ごみ処理の流れ

板橋清掃工場

①計量機
②プラットホーム
③ごみバンカ
④ごみクレーン
押込ファン

🗑 **清掃工場で処理される可燃ごみ**

清掃工場の役割は、家庭などから発生する野菜くず、食べ残しなどの生ごみや紙くずなどの「可燃ごみ」を焼却することにより、ばい菌や害虫、においの発生などをふせぎ、衛生的な環境を保つことです。

清掃工場で処理された可燃ごみは大きさが約20分の1になります。また、ただ燃やすだけでなく、貴重な資源を取り出してもいます。

➡ ごみ・灰の流れ　➡ 空気の流れ
➡ 排ガスの流れ　➡ 排水の流れ

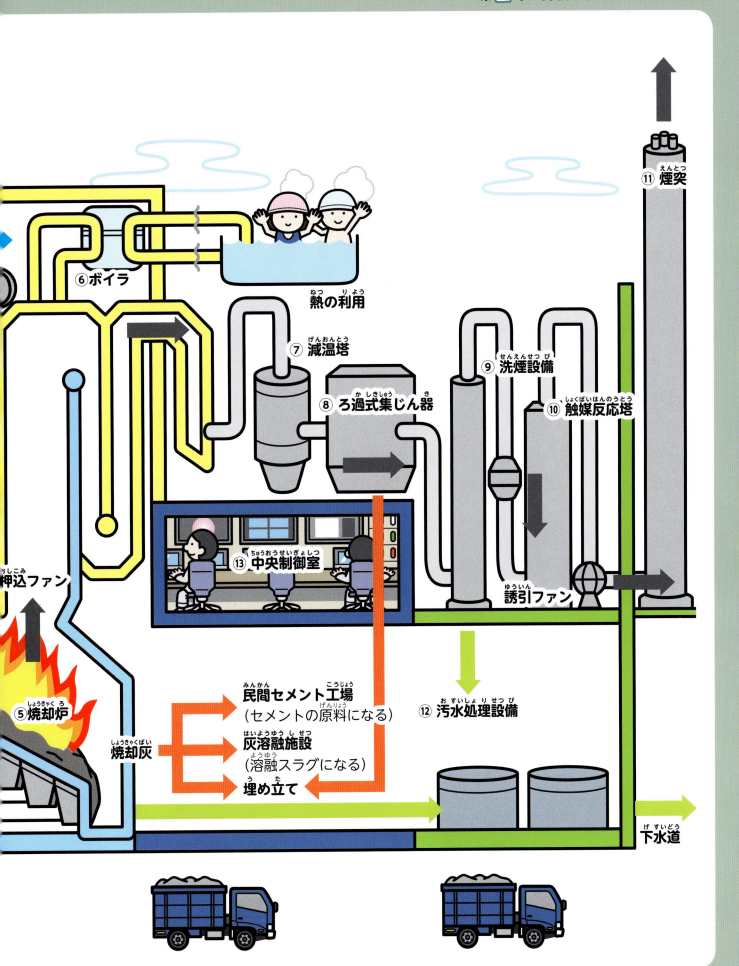

第2章 清掃工場ではたらく人々

4つの係と工場長

清掃工場では、どのような人々がはたらいているのでしょうか？ 職員は大きく分けて、管理係、運転係、整備係、技術係の4つの係に属し、その工場のトップに管理職の工場長がいます。

工場長　工場全体を管理・指揮する責任者。

管理係　職員の福利厚生や、ほかの行政機関との連絡・調整などをおこなう。

運転係　ごみ焼却施設を、4つの係（チーム）の2交代で、24時間維持管理する。

整備係　ごみ焼却施設の修理（設計や監督）や、装置・機器類の修繕などをおこなう。

技術係　ごみの受付や焼却灰の搬出、工場の各日報類の管理、見学者案内などをおこなう。

早朝の引継ぎ中の職員

> 焼却炉のごみの燃えかたや工場内の設備に異常はなかったかなど、運転係が次の係に報告をおこないます。4つの係が情報共有できるようになっています。

第2章 探検しよう！ ごみの処理場

インタビュー

運転係 **内山 孝志**さん

わたしの所属する運転係は、24時間体制で焼却の管理や施設の監視をおこなっています。夜勤もあり、力仕事もあるため、体力的には大変な仕事ですが、コンピュータ任せではなく、"人の目"でもしっかり管理していくことが大事だと考えています。

整備係 **小池 康介**さん

わたしの仕事は、焼却炉に異物が入っていないか探したり、機械の故障があれば補修をしたりすることです。トラブルの原因を探すのはとても難しいときもありますが、「設備がきちんと動く」という当然のことを維持していく仕事にやりがいを感じています。

技術係 **下瀬 彩加**さん

わたしはごみの搬入・搬出の管理や、見学の案内などをおこなっています。また、薬剤の発注や化学実験をすることもあります。ごみ処理の過程ではこのような化学関係の仕事がたくさんあります。自分が出した数値が合っていたときは、やはりうれしくなりますね。

作業するときは、作業着と安全靴、ヘルメットを着用します。ほかに作業環境に合わせて、粉じん予防の「防じん服」や、ゴーグル・マスクを身に着けます。

運転係の服そう

- ヘルメット
- ゴーグル・マスク
- 携帯電話
- 作業着
- 懐中電灯
- 手袋
- 安全靴

※点検・作業をするときの服そう

23

第2章 探検しよう！ごみの処理場

清掃工場のしくみ①
ごみの到着から焼却炉まで

🗑 ごみを集めてかき混ぜる

→ P.20 より

家庭から出された可燃ごみは、決められた日にごみ集積所からごみ収集車に積みこまれて清掃工場に運ばれてきます。

最初に、受付にある計量機で、1台ごとに集められたごみの重さを計ります。次にプラットホームの大きなゲートを開け、車の後方からごみバンカに下ろします。

ごみバンカは、搬入されたごみを一時ためておくところです。その後、ごみをごみクレーンでかき混ぜて均一化し、焼却炉へ投入します。

総重量と、車両と1人分の重さが差し引かれたごみの正味重量が表示されます。

①計量機
計量機にのり、収集したごみの重さを計ります。人間1人分の重さが引かれるので、運転手以外は降りる必要があります。写真は軽小型ダンプ車ですが、9割がこれより大きな小型プレス車です。

②プラットホーム
集めたごみをごみバンカに下ろします。

第2章 探検しよう！ごみの処理場

③ **ごみバンカ**　ごみクレーンでごみバンカ内のごみをならします。

ごみクレーンの大きさ

一度に約2トンつかむ！

※ 板橋清掃工場の場合

ごみバンカの広さ

4日分のごみ（約2500トン）をためられる！

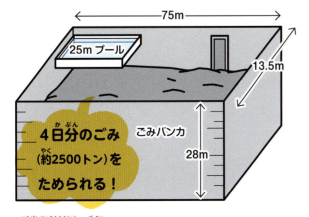

※ 板橋清掃工場の場合

④ **ごみクレーン**

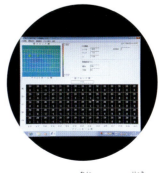
ごみバンカ内のごみ量と温度を自動計測し表示する装置。万が一の火災にそなえます。

焼却炉の入口の清掃後に出る"くず"を落とすための開口部。

第2章 探検しよう！ごみの処理場

清掃工場のしくみ②
焼却炉のはたらき

🗑 安全にしっかり燃やすために

清掃工場では、ごみバンカ内のにおいのある空気を押込ファンで吸いこみ、焼却炉でごみを燃やすときに使用しています。いったん燃えはじめると、ごみだけで炉内は800℃以上の高温になり、24時間連続でごみを焼却します。ごみを燃やすと本来は有害な物質が発生しますが、さまざまな有害物質除去装置（→P.30～32）によってそれをおさえています。

→ P.20 より

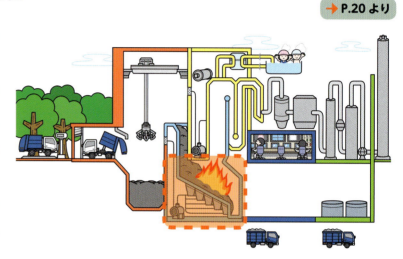

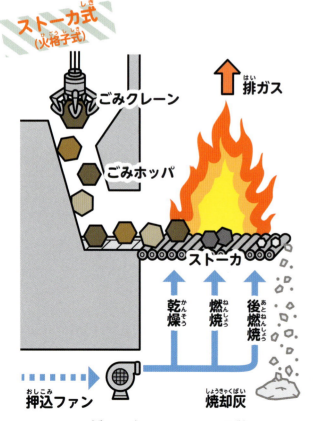

ストーカ式（火格子式）

ストーカの動きに合わせてごみが移動します。段階的に燃やして、焼却灰にします。エスカレーターをイメージするといいでしょう。

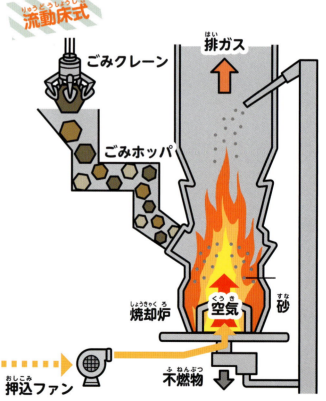

流動床式

焼却炉に空気を吹きこむことで、砂を高温に熱します。その熱によって砂に接したごみが燃えます。火山地帯に見られる噴火状態をイメージするといいでしょう。

第2章 探検しよう！ごみの処理場

🗑 不適正ごみがもたらす被害

　焼却炉にスプレーかんや針金などの不適正ごみが混入すると、焼却炉の運転が停止してしまいます。また、水銀があやまって焼却炉に入ると、その量によっては焼却炉が緊急停止してしまいます。清掃工場に搬入できないごみをきちんと理解して、分別を徹底しましょう。

清掃工場に搬入できないごみ

びん・かん／スプレーかん／金属類／ふとん・毛布／ビニール傘／陶磁器類／家電類　ほか

ハンガー
水銀体温計
ふとん

焼却炉から取り出された不適正ごみ

🗑 焼却灰の資源化

　可燃ごみを焼却すると、容積が約20分の1の焼却灰になります。この灰を溶融すると、さらに容積が約2分の1の「溶融スラグ」になります。こうした手順をふむことで、ごみの容積を減らすだけでなく、溶融スラグを土木資材などに利用し、資源化できるのです。また、セメント工場を通してセメントの原料にし、歩道や道路の材料に利用することもできます。

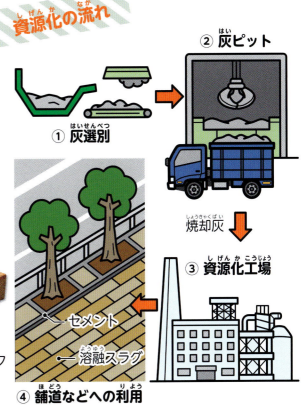

資源化の流れ

① 灰選別
② 灰ピット
　↓ 焼却灰
③ 資源化工場
④ 舗道などへの利用
　セメント
　溶融スラグ

焼却灰

溶融スラグでつくったブロック

溶融スラグ

清掃工場のしくみ③ 熱の利用

熱を温室や温水プールに再利用

焼却炉には、ごみ焼却によって生じた熱を回収するための「ボイラ」が設けられています。その熱で水を加熱することにより、蒸気を発生させて、発電や熱供給に有効利用しています。

つくられた電気や高温水などは、工場を稼動するため施設内で利用し、電気代やガス代を節約しています。あまった熱は、近隣の温室や温水プールなどの施設に供給しています。また、あまった電気は、電気事業者へ売っています。ヨーロッパなどではごみ焼却施設周辺の住宅に配布し熱源として利用していますが、日本では一部の地域[※]をのぞいて、まだそのような利用方法は普及していません。

→ P.20 より

※ 東京都品川区の八潮団地（品川清掃工場）、東京都練馬区の光が丘団地（光が丘清掃工場）、北海道札幌市の真駒内団地（駒岡清掃工場）。

発電のしくみ

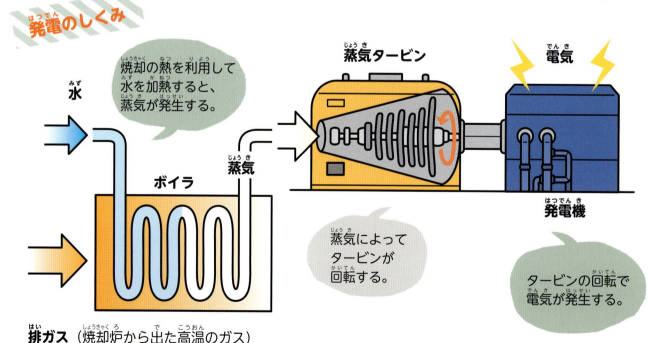

焼却の熱を利用して水を加熱すると、蒸気が発生する。

蒸気によってタービンが回転する。

タービンの回転で電気が発生する。

高温高圧の蒸気をタービンの羽根に当て、その力で回した回転エネルギーを電気エネルギーに変えて発電しています。

第2章　探検しよう！ごみの処理場

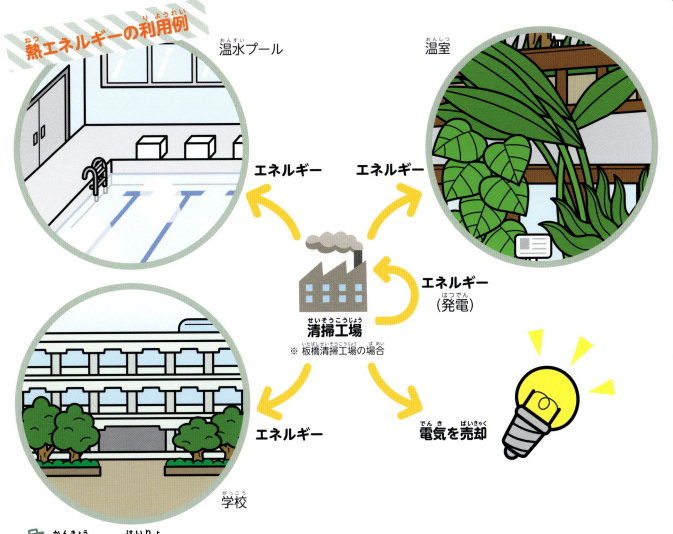

環境への配慮

　近年の清掃工場では、環境に配慮した設備の設置が広がっています。たとえば、屋上の緑化や太陽光パネルによる発電などです。規模は小さいですが、風力発電機を設置しているところもあります。また、雨水を集めて地下タンクにためておき、洗車や散水などに使う例も見られます。

緑化　クリーンプラザふじみ

太陽光パネル　練馬清掃工場

清掃工場のしくみ④
排ガスの処理

排ガスをきれいに

ごみを焼却した「排ガス」には、いろいろな有害物質がふくまれています。代表的なものには、硫黄酸化物（SOx）、窒素酸化物（NOx）、塩化水素（HCl）、ダイオキシン類、ばいじんなどがあります。高温の排ガスが屋外に放出されると、周辺環境が暖められ社会問題になります。

そこでまず、「ボイラ」で、900℃前後の高温になった排ガスを200℃程度に下げます。さらに「減温塔」で170℃程度に下げます。それから、有害物質を除去するための装置「ろ過式集じん器」「洗煙設備」「触媒反応塔」をへて、煙突へ出されていきます。

こうして、有害物質を除去する設備を用いて、黒煙のもとになる「すす」などをすべて除去しています。有害物質の少ない排ガスは透明な煙となります。寒い日は白く見えることがありますが、これは水蒸気のためで、きれいな状態といえます。

→ P.20 より

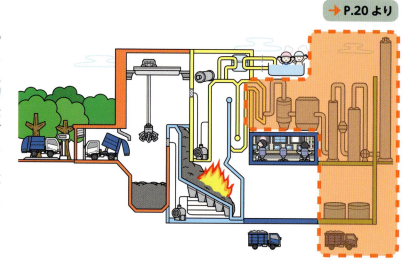

煙突の大きさ
※クリーンプラザふじみの場合

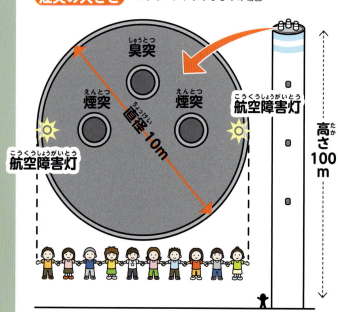

清掃工場の煙突の役割

煙突には、ごみ焼却炉内の排ガスを大気に放出する役割があります。煙突の高さは、焼却炉の規模と排ガスの量によって、30m程度のものから200m以上にもなる高いものまであります。臭突は、定期点検などで焼却炉が停止したときに、においのある空気を外に逃がすために設置されています。

第2章 探検しよう！ごみの処理場

東京の煙突くらべ

都内一の高さをほこるのは池袋の豊島清掃工場。近くに高層ビルが立つため高くつくられました。いっぽう、大田新清掃工場の煙突が低いのは、羽田空港の近くにあり、建物の高さが制限されているからです。

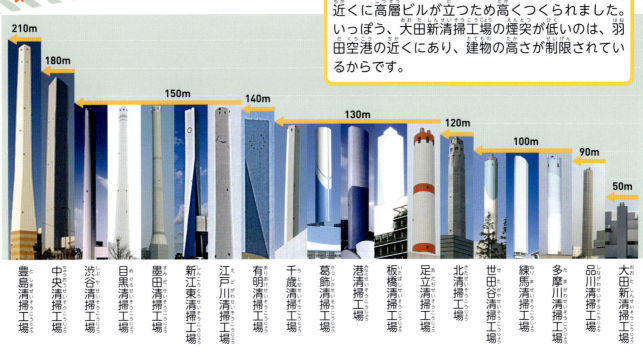

210m 豊島清掃工場／180m 中央清掃工場／渋谷清掃工場／150m 目黒清掃工場／墨田清掃工場／新江東清掃工場／140m 江戸川清掃工場／有明清掃工場／130m 千歳清掃工場／葛飾清掃工場／港清掃工場／板橋清掃工場／120m 足立清掃工場／北清掃工場／世田谷清掃工場／100m 練馬清掃工場／90m 多摩川清掃工場／品川清掃工場／50m 大田新清掃工場

🗑 排ガス以外の配慮

清掃工場では、排ガス以外にも周辺環境に対してさまざまな配慮をしています。工場から排出される汚水は専用の汚水処理設備で処理してから下水道に放流しています。また、騒音や振動が外へ伝わらないよう、設備の配置をくふうしたり、防音壁・防振器具を設置したりしています。臭気は、燃焼・分解したり、消臭剤をまいたりすることでおさえています。焼却灰や飛灰は、最新技術を使い、可能な限り再資源化への努力をおこなっています。

コラム

煙が出ない煙突？

その昔、「民のかまどから煙が出ていない」ことを心配した天皇がいました。民が貧しかったからです。古今東西、ものを燃やせば、煙が出るものです。

みなさんは、キャンプファイヤーを体験したことがあるでしょう。その光景を思い出してみてください。きっと煙が出ていたと思います。薪の燃やしかたしだいで、悪い状態では黒煙に、よい状態では白煙が出ます。煙もいろいろですね。

31

第2章 さがして検査しよう！ごみの処理場

清掃工場のしくみ⑤
中央制御室・整備係の役割

中央制御室のようす

清掃工場のすべてを見守る部屋

　中央制御室では、焼却灰の搬出、焼却炉内の温度・炎の状態、各有害物質の動き、また、各装置がうまく動いているかをコンピュータを利用して監視しています。中央制御室内に勤務する職員は、つねに変化するデータなどを監視しつつ、何かあれば、その原因や対処方法を瞬時に判断して問題を解決しています。

　最近の清掃工場では、ほとんどの機械が全自動化されています。自動運転の装置が2つあるので、仮に1つの装置が故障しても、もう1つの装置が補うことができます。安全のために二重化されているのです。

→ P.20 より

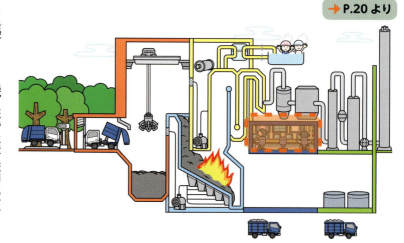

第2章 探検しよう！ごみの処理場

🗑 清掃工場のお医者さん

清掃工場の安定操業に欠かせない人たちがいます。それは整備係の職員です。整備係の職員は、日々焼却プラント設備を守るため、点検したり補修をおこなったりしています。日ごろの点検では、プラント設備のかすかな音のちがいなどから異常を瞬時に見きわめ、適切な補修をおこなうことによってトラブルを未然にふせいでいます。また、清掃工場によってそれぞれ設備の種類や焼却能力がことなるため、それらに対応できる知識と経験が必要です。

工作室内の作業風景。奥には倉庫があり、たくさんの道具がそなえられています。

整備係の服そう

- ヘルメット
- ゴーグル・マスク
- 手袋
- 道具セット
- 安全靴

> 必要なときには状況を把握できるように、インカム（通話用の機器）を用意しています。

旋盤、ボール盤、電気溶接機、ガス溶接機など、さまざまな道具を使って、装置の故障を直しています。

33

不燃ごみ処理センターのしくみ①

不燃ごみ処理の流れ

→ 選別前のごみ
→ 選別中のごみ
→ 不燃物
→ そのほかのごみ
→ 資源（鉄）
→ 資源（アルミ）

🗑 爆発物に注意

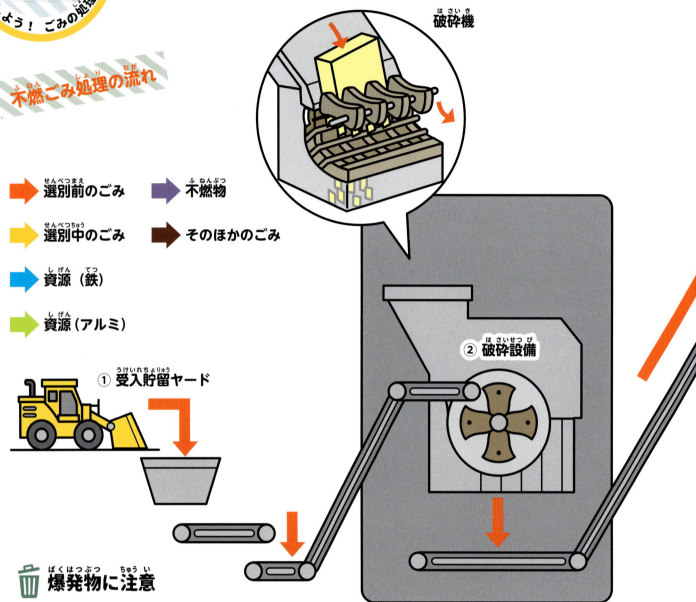

① 受入貯留ヤード
② 破砕設備
破砕機

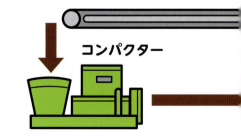

コンパクター

　回収された不燃ごみは、受入貯留ヤードに集められます。そこでは、作業員によって破砕できないものや爆発性のあるもの（ガスボンベや塗料など）を取りのぞく作業がおこなわれます。万が一の発火にそなえて、散水もしています。そして、コンベアを利用して破砕設備に運び、細かくくだきます。その粉々になった不燃物から、資源となる鉄やアルミを選別して、回収します。
　回収した資源は売却されますが、資源が取りのぞかれた残さ（残りかす）は、埋立処分場で埋め立てられます。

第2章 探検しよう！ごみの処理場

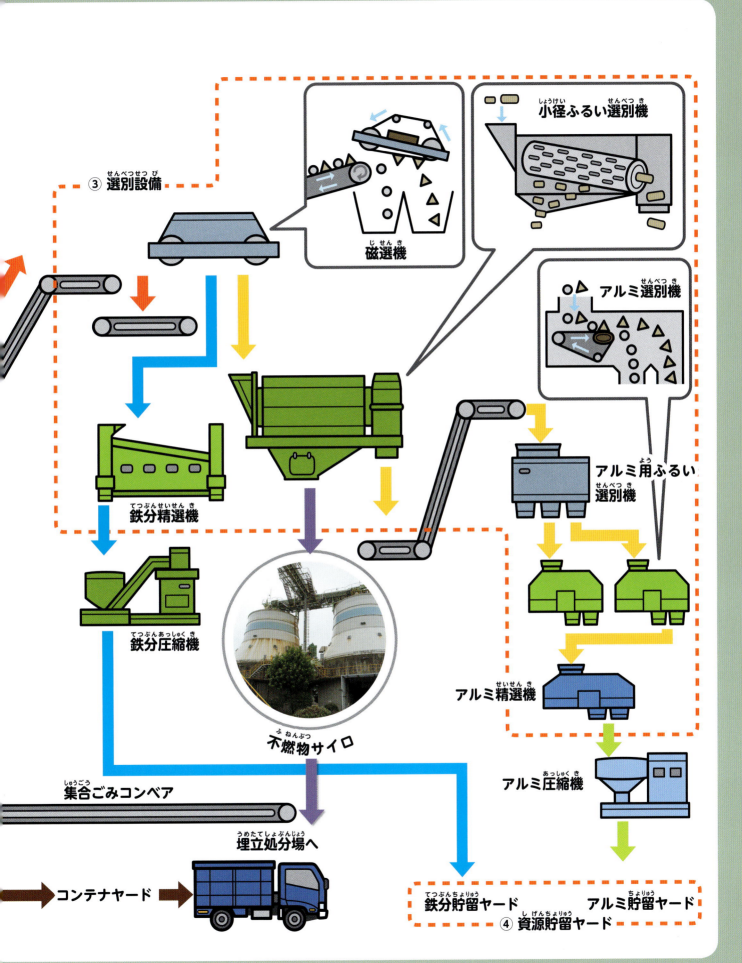

第2章 探検しよう！ごみの処理場

不燃ごみ処理センターのしくみ②

🗑 不燃ごみ処理の流れ

不燃ごみ処理の流れを追ってみましょう。不燃ごみは、資源を回収しやすいように15cm以下に細かくくだかれます。破砕された不燃ごみから回収される鉄とアルミは、どのように運ばれ、保管されているのでしょうか？

受入貯留ヤード
処理前の不燃ごみのため置き場。

コンベア①
コンベアに投入し、破砕設備に運びます。

不燃ごみ破砕のハンマー

コンベア②
破砕設備に入る直前のようす。爆発をふせぐためのスチームが見えます。不審物が混ざっていないかどうか、最後にここで人の目によって確認します。

破砕設備
破砕機で細かくくだかれた不燃ごみ。投入したときのコンベアよりも、スピードが速まっています。

右ページへ

第2章 探検しよう！ごみの処理場

鉄のコンベア
「磁石」によって分別された鉄のかたまりが運ばれます。

くらべてみよう！

鉄は磁石にくっつけて運ばれます。

アルミのコンベア
「磁石の反発力」によって分別されたアルミのかたまりが運ばれます。

鉄の磁石

鉄分貯留ヤード
鉄のかたまりは、出荷まで屋外のヤードで一時保管されます。

アルミ貯留ヤード
アルミのかたまりは、出荷まで屋内のヤードで一時保管されます。

アルミの取手

アルミは磁石に反応しないため、取手の付いた装置で運ばれます。

インタビュー

不燃施設係 原 哲一郎さん

わたしの担当している不燃ごみ処理センターでは、機械が動いているあいだの現場確認がおもな仕事です。大変なことは、ボンベなどの発火のおそれのあるものにとても気を使うことです。事前に水をまくだけでなく、不適正なものが混ざっていないか、しっかり人の目で確認をしています。

じつは、小学生のときに清掃工場で見たクレーンの感動が忘れられなくて、ごみ処理の仕事にかかわるのが夢でした。今はその夢がかない、誇りをもってはたらいています。

37

第2章 探検しよう！ごみの処理場

粗大ごみ破砕処理施設のしくみ①

粗大ごみ処理の流れ

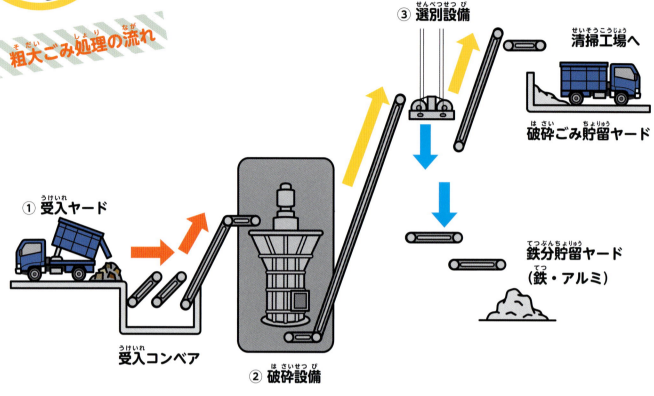

細かくくだいて資源を回収

粗大ごみ破砕処理施設では、まず可燃系と不燃系に分けられます。その後、不燃ごみと同じように細かくくだき、可能な限り鉄などの資源を回収しています。ボンベやバッテリーなどの不適正ごみが混入していることがあるので、注意して作業を進めています。細かくくだかれた木材などの燃えるごみは清掃工場で燃やされ、熱は利用されています。燃やせないものは、埋立処分場に運ばれて埋め立てられます。

専用の裁断機

皮革処理機　　畳裁断機

ベッドマット分離機　　木材粗破砕機

ベッドマットや畳などを、専用の裁断機によって小さくしている処理施設もあります。

第2章 探検しよう！ごみの処理場

破砕機のしくみ

🗑 ハンマーでごみをくだく

選別された粗大ごみは、一辺15cm以下まで細かくくだく必要があります。破砕には、大きなハンマーをそなえた破砕機が使用されています。投入された粗大ごみは、高速で回転するハンマーに当たりながら徐々にくだかれ、小さくなった状態で落下し、コンベアで運ばれます。

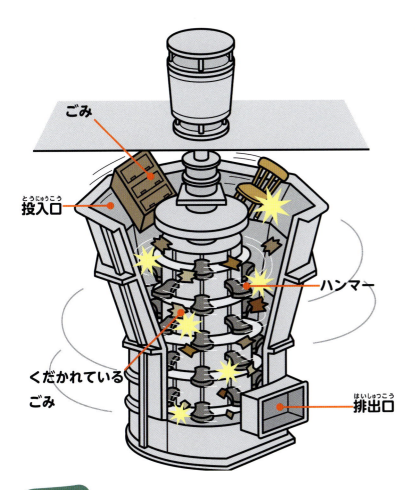

コラム

粗大ごみランキング

粗大ごみ破砕処理施設に集められる粗大ごみは、上位から順に、ふとん、箱物家具、いす、収納ボックス、テーブルとなっています（平成27年度）。引越しや模様替えなどのタイミングで新しく買いかえられるのでしょう、日常的に使われる消耗品が上位をしめています。ふとんに関しては年間94万4529枚と、その数は膨大です。※東京23区の場合

ふとん

箱物家具

いす

収納ボックス

テーブル

（出典）「ごみれぽ23 2017」

粗大ごみ破砕処理施設のしくみ②

粗大ごみ処理の流れ

粗大ごみ処理の流れを追ってみましょう。機械による処理だけでなく、いろいろな場面で作業員が活やくしています。大きなごみをあつかうのは大変な作業ですが、クレーンの腕さばきにも注目です。また、不燃ごみと粗大ごみの破砕機とハンマーをくらべてみましょう。

受入ヤード
処理前の粗大ごみのため置き場。可燃系と不燃系に分けられています。

破砕機でくだけないふとんや畳をより分けています。危険物にも要注意です。

コンベア
ヤードから破砕可能なものをコンベアに投入しています。ショベルカーとトラックが衝突事故を起こさないよう、ちがう場所で作業するようにしています。

粗大ごみ破砕のハンマー

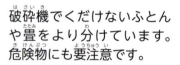

粗大ごみをくだくじょうぶなハンマーですが、激しく作動するため、あっという間に鉄がすり減ってしまいます。2か月に一度、交換しています。

破砕できないものが混ざっていないか、最終確認しています。見つけたら、「とび口」と呼ばれる細長い棒で取りのぞきます。

第2章 探検しよう！ ごみの処理場

破砕後
破砕機で細かくくだかれた粗大ごみが集められます。ごみをかき集めつつ、鉄くずなどが入っていないか確認しています。

搬出
粗大ごみの大部分は燃える「木材系」のため、焼却するために清掃工場へと運び出します。

おまけ おそうじのシーン

作業環境の安全と整理整とんのため

機械や処理場のおそうじも欠かせません

粗大ごみ破砕処理施設ならではの風景かも

ふとんを使って上手にヤードをふくショベルカー

インタビュー

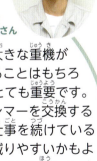

粗大施設係　大川 諒さん

粗大ごみの処理には、大きな重機が使われます。その安全を守ることはもちろん、機械類のメンテナンスがとても重要です。破砕機の精度を保つためにハンマーを交換するのもわたしの仕事です。この仕事を続けていると、どの部分がいちばんすり減りやすいかもよくわかってきます。「家電リサイクル法」などにより粗大ごみの量はぐんと減りましたが、今後も粗大ごみ破砕処理施設を事故なく、安全に運転できる環境に整えていくことがわたしたちの使命です。

埋立処分場のしくみ①

🗑 サンドイッチ方式で覆土

　資源化できないごみや有害物質をふくんだごみは、最終的に埋め立てて処分されます。埋立処分場の多くは山間部や海辺につくられますが、平地に穴を掘り処分場にしているところもあります。

　埋め立ては、「サンドイッチ方式（工法）」と呼ばれる方法でおこなわれます。これは、東京都の埋立処分場で起きた被害（→P.44）の反省から生まれました。サンドイッチ方式の最大の特徴は、埋立地に運ばれてきた軽い廃プラスチック類や紙類が風で飛ばされることや、ごみがくさるときに生じるにおいをふせぐ点です。

埋立処分の方法

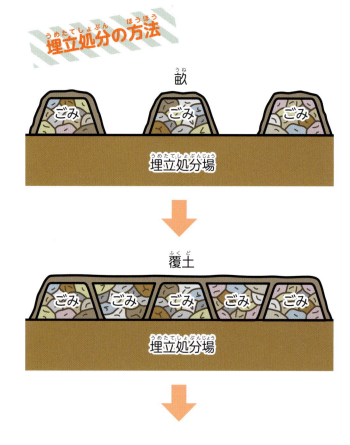

サンドイッチ方式

ごみが3mほど積み上がると、50cmの土をかぶせます（覆土）。

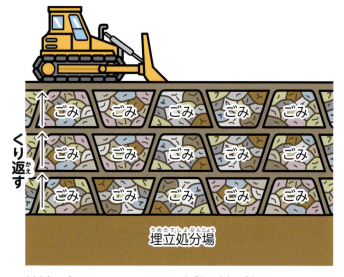

間隔を空けながら、ごみで小高い山（畝）をつくります。できた谷にごみを入れ、土をかぶせてならします。これをくり返します。

第2章 探検しよう！ごみの処理場

周辺への配慮

埋立処分場における最大の問題は、埋め立てられたごみと雨水がふれて汚水が出ることです。また、その汚水もれをふせぐために使われている1.6mmの厚さのゴムシートや粘土層の管理もとても難しい作業です。埋立処分場では、そういった汚水をはじめとする環境問題に対応するため、さまざまなくふうがなされています。

浸出水処理

処理場の10か所にある「ポンプ井（集水池）」と呼ばれる小さな池に集められた浸出水は、1か所の「調整池」に集められ、よごれが均一にされます。その浸出水は「排水処理場」できれいにされたあと、下水道へと流されます。

飛散対策

散水

水をまくことによって、処理場のごみや粉じんが飛ばないようにしています。

フェンス

処理場の周辺をネットフェンスで囲い、ごみが海へ飛ぶのをふせいでいます。

集ガス管

処分場で発生するガスは集ガス管を通り、発電に利用されます。メタンガスの大気への放出もふせいでいます。

コラム

"夢の島"ってどんな島？

「夢の島」は東京都江東区の町名の1つですが、そのいわれには諸説あります。この地の埋め立ては昭和14年にはじまり、当時は飛行場が建設される予定でした。戦争が終わると、遊園地などが計画され、いつの間にか「夢の島」と呼ばれるようになりました。江東区へ編入されるときにそのまま正式町名となったという説があります。また、もともと海水浴場として利用されていたころに、砂場をつくるとすぐに波に洗われて消えることから「夢の島」と呼ばれていたという説もあります。埋め立てが終了したのは昭和41年。東京都清掃局（当時）は「14号地」と呼ばれる埋立地を「夢の島」という愛称で呼んでいましたが、近年では東京港内のごみ埋立地全体を「夢の島」と呼ぶようになってきています。

東京都夢の島熱帯植物館

埋立処分場のしくみ②

「東京ごみ戦争」の一場面（昭和47年）

可燃ごみがそのまま埋められていた昭和40年代の埋立地のようす

粗大ごみがそのまま埋められていた昭和40年代の埋立地のようす

平成7年の埋立地のようす

平成18年の埋立地のようす

平成28年の埋立地のようす

ごみ処理場の歴史

　ごみ処理の制度がまだ整っていなかった時代には、さまざまな社会問題が起こりました。有名なのは「東京ごみ戦争」（昭和40年代後半）でしょう。

　戦後、高度経済成長をむかえた日本では、これまで以上に大量のごみが発生しました。その結果、埋立処分場の環境悪化や道路の混雑、処分場への通過地点である江東区の住民への被害などを引き起こしました。中でも、清掃工場建設計画に対して反対運動を立ち上げた杉並区の住民の動きを受けて、埋立処分場がある江東区が、杉並区内からのごみ受け入れストップの運動をおこなったことは有名です。

　この騒動を通して、ごみ処理問題の解決には行政と住民の協力が必要であることが認識されました。今日のような、周辺環境に配慮されたごみ処理施設の運用には、このような歴史が背景にあるのです。

埋立場所の限界

埋立処分場には、清掃工場で焼却されたあとの灰や、不燃ごみ処理センター、粗大ごみ破砕処理施設などで資源が回収されたあとの残さが運ばれます。つまり、どうしても燃やせなかったごみ、あるいは資源化ができなかったごみが最終的に埋め立てられることになるのです。

東京都・中央防波堤の埋立処分場を例に見てみましょう。写真を見てわかるように、徐々に埋め立ての範囲は広がり、残りのスペースがなくなってきています。限りある埋立処分場を少しでも長く使用するためには、ごみの減量や資源化に向けた取りくみが必要なのです。

① 8号地（江東区潮見）
昭和2年～昭和37年12月
約371万トン

② 14号地（江東区夢の島）
昭和32年12月～昭和42年3月
約1034万トン

③ 15号地（江東区若洲）
昭和40年11月～昭和49年5月
約1844万トン

④ 中央防波堤内側埋立地
昭和48年12月～昭和62年3月
約1230万トン

⑤ 中央防波堤外側埋立処分場
昭和52年10月～

⑥ 羽田沖（大田区羽田空港）
昭和59年4月～平成3年11月
約168万トン

⑦ 新海面処分場
平成10年12月～

©JAXA

コラム

江戸時代のかしこいエコ生活

ごみを"集めて"から処分するという概念は、江戸時代に生まれたといわれています。江戸の町にはごみがなく清潔な状態が保たれていたといいます。なぜでしょう？ 1つは、「物をとことん使いきっていた」からです。たとえば、紙くずを集めてつくった再生紙は「浅草紙」として江戸の名産品となりました。あらゆる"くず"を資源として回収する業者がいたのです。また、修理や再生の文化が根付いていたことです。割れた陶器をつなぎ合わせる「焼き継ぎ屋」のような職業が多くありました。わたしたちが江戸時代の人々の暮らしから学ぶことはたくさんありそうです。

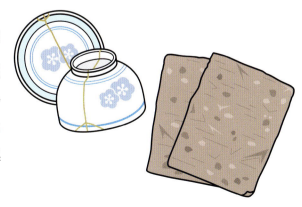

コラム 海外の「ごみ処理」のしくみ
〜ドイツのデポジット制度〜

　「エコロジー先進国」とも呼ばれるドイツでは、飲料容器に「デポジット制度」を採用して資源化の道を歩んでいます。デポジットとは、サービスを受け取るときに支払う"預り金（保証金）"のことを指します。たとえば、ペットボトル飲料は通常の料金に加え、1本あたり0.25ユーロのデポジットが上乗せされています。ほとんどのスーパーマーケットに設置されている回収機に空になったペットボトルを返すと、0.25ユーロ分のクーポンが出てきます。クーポンはその店舗でも使えますが、換金も可能です。

　日本でも同じような取りくみが見られます。たとえば、ペットボトルの回収量に応じた金額を地域の小学校に寄付しているスーパーや、ポイントを発行し、店内のクーポンとして使えるようにしているスーパーもあります。

ドイツ・ケルンのスーパーマーケットに設置されているペットボトル回収機。

ペットボトル回収機からクーポンを受け取る。

第3章

わたしたちがめざす循環型社会

リサイクルのしくみ

3Rって何？

「3R」とは、ごみを減らすための3つのキーワード、リデュース（Reduce）、リユース（Reuse）、リサイクル（Recycle）を表しています。地球環境を守るためにわたしたちができることを示したものです。

地域での具体的な取りくみの1つが「資源化（リサイクル）センター」での資源化です。行政機関が回収した廃プラスチックや古紙、びん、ペットボトル、スチールかん、アルミかんなどを、機械と手作業で分け、資源化をおこなっています。

リデュース Reduce — マイバッグでごみを減らそう！

リユース Reuse — フリーマーケットで再利用しよう！

リサイクル Recycle — リサイクルでごみを再生しよう！

3Rだけでなく、5R（3R＋不要なものは買わないリフューズ〈Refuse〉、修理して長く使い続けるリペア〈Repair〉）という考えかたもあります。

第3章　わたしたちがめざす循環型社会

🗑 資源とリサイクル

みなさんがごみ集積所やスーパーの回収ボックスなどを通してリサイクルに出しているのは、どのようなものでしょうか。かん、ペットボトル、プラスチック、びん、古紙がおもなものでしょう。

これらの回収された資源は、もう一度同じものに再生されるか、あるいは、まったく新しい製品に生まれ変わります。きれいに洗浄され、再度そのまま使用されることもあります。また、古紙のように、新聞や段ボールなどの種類によって、再生される製品がことなる場合もあります。

アルミかん → アルミニウム → 新しいかんなど　　プラスチック → ハンガー・トレイ・おもちゃなど

スチールかん → 鉄 → 鉄筋・鉄製品など　　びん → カレット → 新しいびんなど

ペットボトル → ペット樹脂 → 新しいペットボトル・ワイシャツ・ボールペンなど　　古紙 → 古紙パルプ → トイレットペーパー・ノートなど

コラム　食品ロスを減らすために

食べられるはずなのに、ごみとして捨ててしまうもののことを「食品ロス」といいます。日本の食品ロスの量は、なんと年間630万トン（平成25年推計）。1日あたりに換算すると、毎日1人がおにぎり1～2個を捨てていることになります。食材がもったいないだけでなく、処分にはたくさんの費用がかかります。

この対応策として、「フードバンク」という組織は、捨てられる食品を福祉施設に配布するなどの活動をおこなっています。また、農林水産省は「食品ロス削減国民運動（NO-FOODLOSS PROJECT）」を実施し、ロゴマーク「ろすのん」の普及につとめています。

49

びんのリサイクル

びんは色別で資源に

びんの原料であるガラスには5000年の歴史があります。お酒の一升びんやビールびんのような、何度でも使えるものを「リターナブルびん」といいます。しかし、くり返して使うためには回収や洗浄などの作業が必要であり、また、びんより軽くて運びやすいペットボトルや紙パック類、スチールかんやアルミかんの普及により、業務用の商売以外ではあまり見られなくなりました。

びんの選別の流れ

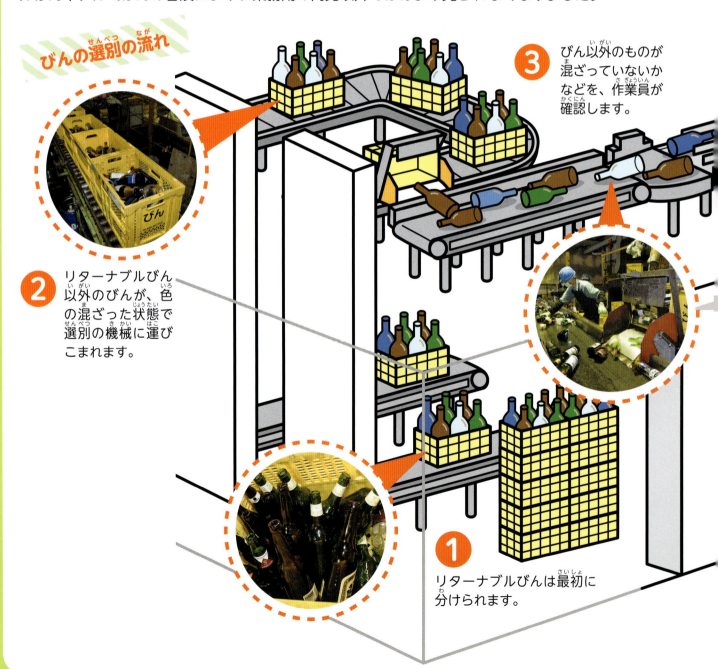

① リターナブルびんは最初に分けられます。

② リターナブルびん以外のびんが、色の混ざった状態で選別の機械に運びこまれます。

③ びん以外のものが混ざっていないかなどを、作業員が確認します。

50

第3章　わたしたちがめざす循環型社会

リターナブルびん以外は、基本的に白（透明）、茶色、そのほかの3種類に分け、資源化に適した「カレット」という細かいガラスの状態にします。以前は人の手により色の判別がおこなわれていましたが、今では機械でおこなう施設も増えています。

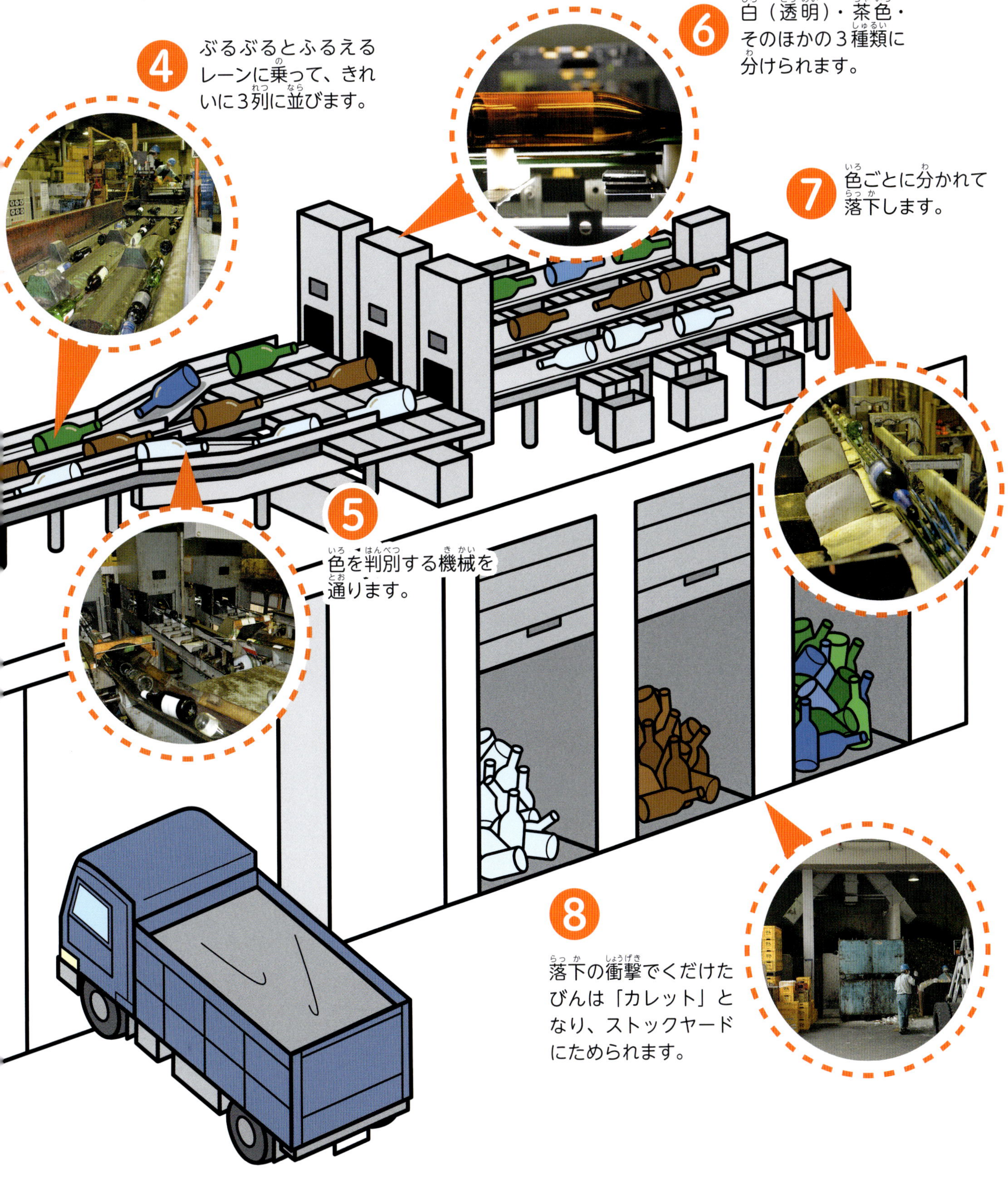

④ ぶるぶるとふるえるレーンに乗って、きれいに3列に並びます。

⑥ 白（透明）・茶色・そのほかの3種類に分けられます。

⑦ 色ごとに分かれて落下します。

⑤ 色を判別する機械を通ります。

⑧ 落下の衝撃でくだけたびんは「カレット」となり、ストックヤードにためられます。

（出典）みなとリサイクル清掃事務所〈改変〉

51

かんとペットボトルのリサイクル

🗑 かんは磁石で選別

　アルミかんは、ビールやコーラなどの炭酸ガス系の飲み物に使われています。炭酸ガスの圧力により、かんがかんたんにつぶれないためです。アルミを精錬するためには大量の電気エネルギーを使うため、別名「電気の缶詰」ともいわれています。

　スチールかんには常温圧の飲料水系の飲み物が入っています。内容物を長期保存できるメリットがあるため、缶詰にも利用されています。スチールかんは埋蔵量の多い鉄でつくられており、磁石にくっつくため、アルミかんとスチールかんの選別には磁石が利用されています。

かんの選別の流れ

3 アルミかんとスチールかんが別々に圧縮されて出てきます。

2 磁石でひきつけられたものはスチールかんとして、ひきつけられなかったものはアルミかんとして選別されます。

1 投入口にかんを入れます。

（出典）みなとリサイクル清掃事務所

キャップを外してリサイクル

日本ではじめてペットボトルが使われたのは、1977年の「しょうゆ容器」といわれています。ペットボトルは軽くてじょうぶであり、また自然の元素（炭素・酸素・水素）からできているため、燃やしても有害なガスが発生しません。

圧縮されたペットボトルは「フレーク」と呼ばれる細かいチップになり、衣料品や文房具に再生されます。また、回収したペットボトルをふたたびペットボトルに再生する「ボトル to ボトル」の取りくみもはじまっています。

ペットボトルの選別の流れ

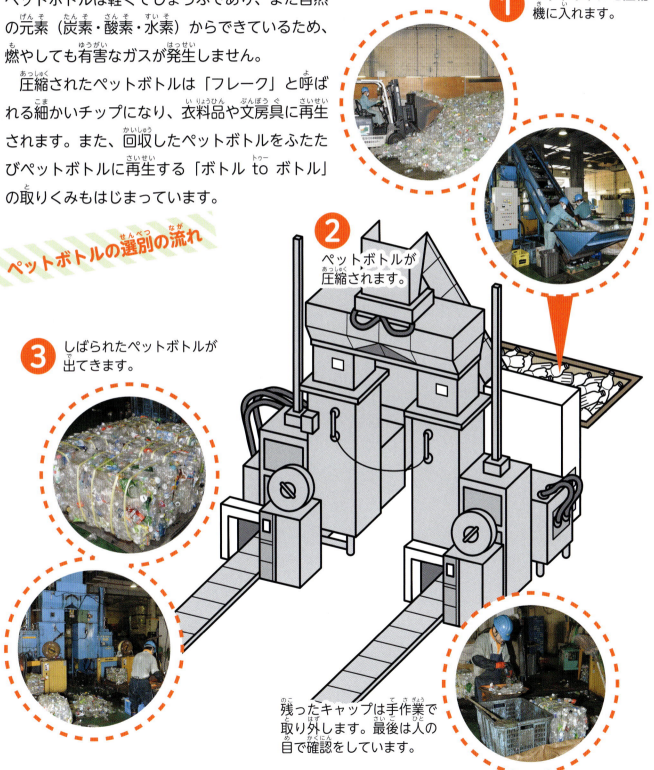

① ペットボトルを圧縮機に入れます。

② ペットボトルが圧縮されます。

③ しばられたペットボトルが出てきます。

残ったキャップは手作業で取り外します。最後は人の目で確認をしています。

※かんとペットボトルをいっしょに回収する地域では、選別方法がことなります。

（出典）みなとリサイクル清掃事務所

プラスチックのリサイクル

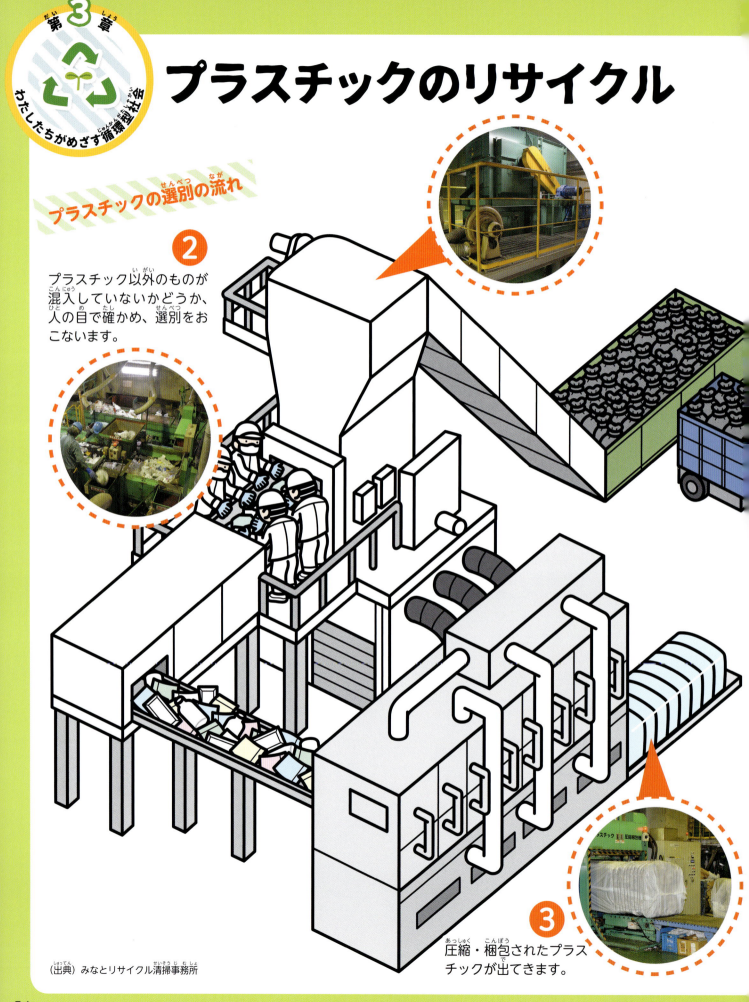

プラスチックの選別の流れ

②
プラスチック以外のものが混入していないかどうか、人の目で確かめ、選別をおこないます。

③
圧縮・梱包されたプラスチックが出てきます。

（出典）みなとリサイクル清掃事務所

第3章　わたしたちがめざす循環型社会

🗑 プラスチックの可能性と課題

わたしたちの身のまわりにはプラスチックがあふれています。軽くてじょうぶ、着色ができる、大量生産が可能などの長所があるプラスチックは、病気治療などもふくめた広い分野で活やくしています。

一方、さまざまな問題もかかえています。たとえば、プラスチックは埋立処分されると、時間の経過とともに添加剤が溶け出し、有害物質として周辺の環境に悪い影響をあたえます。また、近年では海ごみ（直径5mm以下の廃プラスチック類のことを「マイクロプラスチック」といいます）を魚介類や鳥があやまって食べて死んでしまうという問題も発生しています。

プラスチックリサイクルの手法は、技術開発によりどんどん進化していますが、環境への負荷を減らす方法を考えていくことが大切です。

① プラスチックを投入口へと運びこみます。

おまけ　コンテナの洗浄
資源化センター内で使用してよごれたコンテナをきれいに洗浄

おまけ　家具のリサイクル販売
中古の家具をきれいにして販売している資源化センターも

インタビュー　玉田 修二さん

資源化センターの管理・運営をしています。人手が必要なときは、かん、びん、ペットボトル、プラスチック、どの作業でも手伝います。ごみの中には、ペットボトルにタバコが入ったものなど、残念ながら、きれいな状態でないものもあります。もしかすると、子どものほうがきちんと分別してくれているのかもしれません。ここには外国から視察にくるお客さまもいますが、子どものころからごみ捨てのマナーを身に付けて、大人になっても続けてもらえたらうれしいですね。

55

紙のリサイクル

紙の原料の約60%は「古紙」

　古紙は、昔から資源化の優等生です。一度生産された紙は、3回から5回ほど再生利用されています。段ボール、新聞、雑誌と古紙の種類は多く、それぞれリサイクルされる紙製品がことなるため、分別が重要になります。ちなみに、古紙の大半は新聞紙が占めています。種類ごとに分けられ圧縮・梱包された古紙は、製紙工場へと運ばれ、製品によってことなる加工がほどこされます。

　紙の需要はますます高まっており、終戦の年（1945年）は国民1人あたりの年間消費量が3.7kgでしたが、2000年には250kgまで増加しました。現在はリサイクルが普及し、約60％の紙が資源化されているといわれています。最近では「雑がみ」も資源化できるようになりました。

古紙の選別の流れ

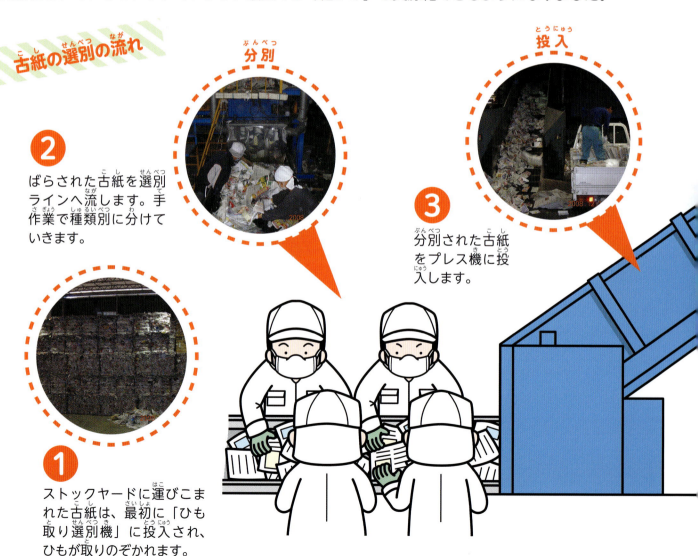

1 ストックヤードに運びこまれた古紙は、最初に「ひも取り選別機」に投入され、ひもが取りのぞかれます。

2 ばらされた古紙を選別ラインへ流します。手作業で種類別に分けていきます。

3 分別された古紙をプレス機に投入します。

第3章 わたしたちがめざす循環型社会

コラム

雑がみって何？

代表的な「古紙」といえば、新聞、雑誌、段ボールでしょう。じつは、近年の技術の進歩により、これら以外の「雑がみ」もリサイクルできるようになりました。「雑がみ」の種類は地域によってちがいはありますが、たとえば、ノート、お菓子の箱、封筒、はがき、コピー用紙、ちらし、紙袋、紙の芯などです。新聞や雑誌と同じように、雑がみもきちんと分別することが重要です。わたしたちが「ごみ」と思っているものの中には、まだまだ資源がたくさんかくれているのです。

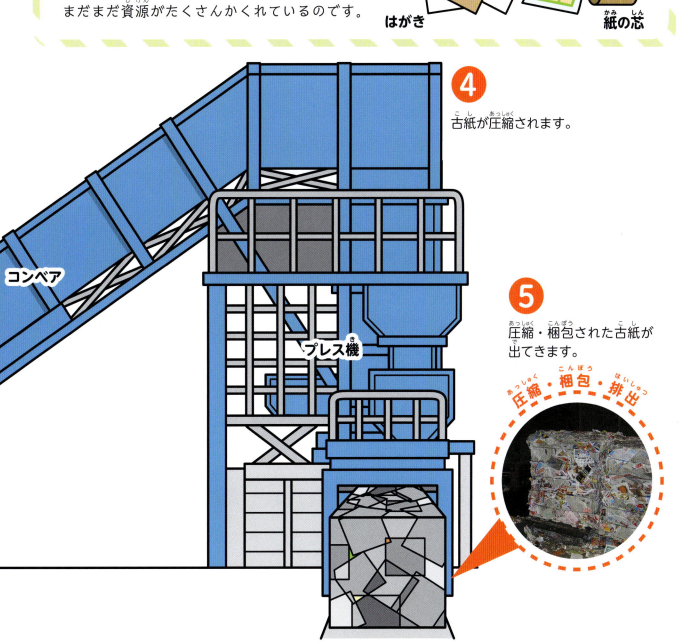

④ 古紙が圧縮されます。

⑤ 圧縮・梱包された古紙が出てきます。

圧縮・梱包・排出

再利用できるさまざまな資源

🗑 家電・小型家電は金属をリサイクル

　家電製品には貴重な金属がふくまれています。「家電リサイクル法」（→ P.60）の対象になるのは、一般家庭や事業所から出されるテレビ（ブラウン管、液晶、プラズマ）、エアコン、冷蔵庫・冷凍庫、洗濯機・衣類乾燥機の４品目です。これらの製品は、それぞれの製造メーカーが回収して資源化を図っています。

　小型家電とは、パソコン、スマートフォン、デジタルカメラ、ドライヤー、電子レンジなどの小さな家電のことを指します※。「小型家電リサイクル法」（→ P.60）のもと、地方自治体が回収し、企業の施設で資源化をおこなっています。企業が独自に回収に協力していることもあります。

※これらの回収・資源化は、自治体によって取りくみがちがうことがあります。

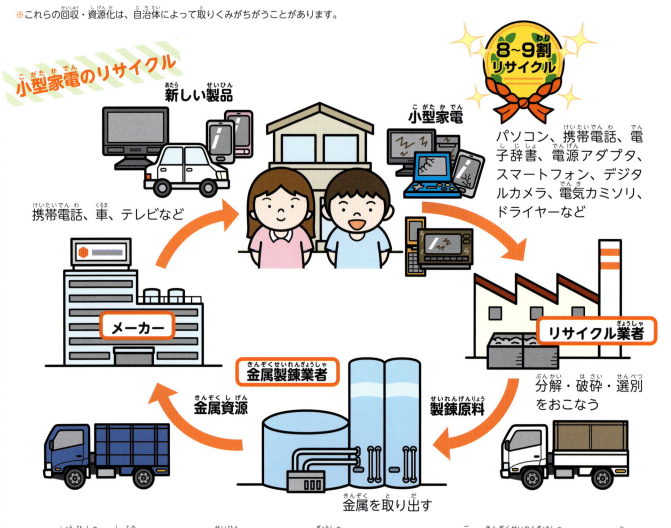

　消費者は使用しなくなった製品をリサイクル業者にわたします。その後、金属製錬業者によって取り出された金属資源は、ふたたびメーカーの手にわたり、新しい製品をつくることができるのです。

第3章 わたしたちがめざす循環型社会

🗑 自動車は95%以上がリサイクル

自動車にはいろいろな部品が使われています。その中にはとても貴重な資源「レアメタル」もふくまれています。「自動車リサイクル法」（→P.60）は、その資源を回収するため、自動車の購入者の負担で資源化をおこなうための法律です。また、自動車製造者や自動車の輸入業者に、適正な処理と資源化を義務付けています。資源化するための処理費用は、自動車を買うときに購入者が支払っているため、車は95％以上が資源化されています。

車のリサイクル

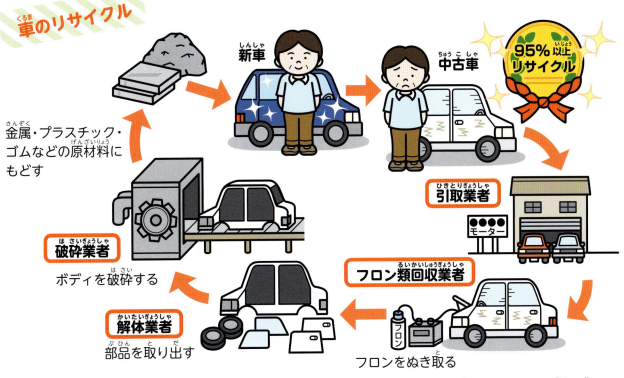

中古車は、適切な順序をへて解体されます。取りのぞかれたフロン類、エアバッグ類、部品、シュレッダーダストなどは、中古部品や原材料としてリサイクルされたり、無害化して適正に処分されたりしています。

コラム

レアメタルって何？

レアメタル（希少金属）は、非鉄金属のうち、さまざまな理由から産業界での流通量・使用量が少なく貴重な金属のことです。「レアメタル」は、日本独自の呼びかたで、外国では「マイナーメタル（Minor Metal）」と呼ばれています。レアメタルが希少な理由は右の3つにあるといわれています。

1. 地球上の存在量が少なく、採掘のコストが高い
2. 単体で取り出すのが技術的に困難
3. 金属の特性から、製錬のコストが高い

第3章 循環型社会をめざして

循環型社会って何？

リサイクルによって、資源をより有効的に使い、処分するごみの量を減らすことができます。これは、「循環型社会」の実現に向けた取りくみともいえます。

循環型社会とは、ごみをできる限り減らし、適切に利用・処分することによって、天然資源の消費をおさえ、環境への負荷を減らす社会のことをいいます。消費社会になり、ごみが増えて資源が減りつつある現代において、わたしたちは限りある資源をいかに活用していくかという課題に直面しているのです。

この考えは「環境基本法」の理念をふまえているといわれていますが、この法律をもとに「もの」の特性に応じた、さまざまな規制が定められています。

環境基本法と個別リサイクル法

環境基本法

循環型社会形成推進基本法

廃棄物処理法※1
廃棄物の処理及び清掃に関する法律

資源有効利用促進法
資源の有効な利用の促進に関する法律

個別物品の特性に応じた規制

容器包装リサイクル法	家電リサイクル法	食品リサイクル法	建設リサイクル法	自動車リサイクル法	小型家電リサイクル法
びん、ペットボトル、紙製・プラスチック製容器包装など	エアコン、テレビ、冷蔵庫・冷凍庫、洗濯機・衣類乾燥機	食品残さ	木材、コンクリート、アスファルト	自動車	携帯電話、ゲーム機、デジタルカメラなど

グリーン購入法※2

(出典)「環境白書」(環境省)

※1 汚物掃除法(明治33年)の制定にはじまり、清掃法(昭和29年)をへて、廃棄物処理法(=廃棄物の処理及び清掃に関する法律、昭和45年)が施行された。
※2 環境に配慮した製品の購入を国や自治体に義務づける法律。

第3章 わたしたちがめざす循環型社会

拡大生産者責任の理念とは

循環型社会の底辺にある考えかたの1つが、「拡大生産者責任（Extended Producer Responsibility ＝ EPR）」です。拡大生産者責任とは、生産や消費の過程だけでなく、消費後の処理やリサイクルの過程にまで、"生産者"に責任があるという考えかたです。これは、処理・リサイクル費を生産者に負担させ、製品の価格にふくませることにより実現します。

処理・リサイクル費が製品の価格にふくまれると、その分、製品の価格は上がり、需要が落ちることになります。そのため、企業は需要が落ちないように、処理・リサイクル費の少ない製品をつくろうとくふうするでしょう。このようにして、拡大生産者責任は、企業努力をひき出すことができるのです。行政と市民だけでなく、今後は企業の力も合わせて、循環型社会の実現へ向けて努力していく必要があるのです。

1年間のごみの量 （平成26年度）

一般廃棄物
4432万トン

産業廃棄物
3億9284万トン
（環境省ホームページより）

産業廃棄物とは、事業活動にともなって生じる廃棄物のうち、燃えがら、汚泥、廃油、廃酸、廃アルカリ、廃プラスチック類などのことを指します。産業廃棄物の量は一般廃棄物の8〜9倍。ごみ処理にかんして、生産者への期待が高まっている理由です。

拡大生産者責任による
ごみの処理・資源化

行政処理の流れ

 生産者 →流通→ 卸売業者 →流通→ 販売者 →流通→ 消費者 →廃棄→ 行政（市区町村）

資源化 ← EPRによる流れ

消費者が廃棄した商品から取り出される再生資源は、生産者にもどるとは限りません。拡大生産者責任で重要なことは、生産者が費用を負担することなのです。

さくいん

あ

圧縮板……………………… 12, 13

一般廃棄物……………………8

埋立処分場……………… 17, 42-45

運転係……………………… 22, 23

煙突…………………… 21, 30, 31

押込ファン……………… 20, 21, 26

汚水処理設備…………… 21, 31

か

拡大生産者責任
(Extended Producer Responsibility＝EPR)
……………………… 61

家電リサイクル法………… 58, 60

可燃ごみ…………………9, 16

カレット……………………… 51

環境基本法……………… 60

管理係……………………… 22

技術係……………………… 22

グリーン購入法…………… 60

軽小型ダンプ車………… 14, 24

計量機…………………… 20, 24

減温塔…………………… 21, 30

建設リサイクル法………… 60

航空障害灯……………… 30

工場長……………………… 22

小型家電リサイクル法……… 58, 60

こ

小型プレス車……………… 13, 14

個別リサイクル法………… 60

ごみクレーン…………… 20, 24, 25

ごみ収集車……………… 11, 12, 14

ごみバンカ……………… 20, 24, 25

コンテナ車………………… 14

さ

再生パルプ………………… 18

雑がみ…………………… 56, 57

産業廃棄物………………8, 61

サンドイッチ方式（工法）………… 42

資源化（リサイクル）センター
……………………… 16, 48, 55

資源…………………9, 16, 49

資源有効利用促進法…………… 60

自動車リサイクル法………… 59, 60

集ガス管…………………… 43

臭突……………………… 30

循環型社会……………… 60, 61

循環型社会形成推進基本法……… 60

焼却灰…………………… 21, 26, 27

焼却炉…………………… 21, 24, 26

触媒反応塔……………… 21, 30

食品リサイクル法…………… 60

食品ロス…………………… 49

食品ロス削減国民運動
（NO-FOODLOSS PROJECT）…… 49

浸出水処理 …………………… 43

ストーカ式（火格子式）…………… 26

スライド板 ……………… 12, 13

3R ……………………………… 48

清掃工場 ……………… 16, 20-33

整備係 …………………… 22, 33

セメント ……………… 17, 21, 27

ゼロ・ウェイスト ……………… 18

洗煙設備 ………………… 21, 30

粗大ごみ …………… 9, 16, 39

粗大ごみ破砕処理施設 … 16, 38-41

た

太陽光パネル ………………… 29

畳裁断機 ……………………… 38

中央防波堤内側埋立地 ………… 45

中央制御室 ……………… 21, 32

中央防波堤外側埋立処分場 … 8, 45

調整池 …………………………… 43

積込用操作ボタン ……………… 12

Ｔ字マフラー …………………… 13

デポジット制度 ………………… 46

東京ごみ戦争 ………………… 44

とび口 …………………………… 40

は

排ガス …………………… 28, 30

廃棄物処理法 ………………… 60

排水処理場 …………………… 43

破砕機（粗大ごみ）…………… 39

破砕機（不燃ごみ）…………… 34

ハンマー（粗大ごみ）………… 39, 40

ハンマー（不燃ごみ）…………… 36

皮革処理機 …………………… 38

飛散対策 ……………………… 43

5R ……………………………… 48

フードバンク ………………… 49

不適正ごみ …………………… 27

不燃ごみ ………………… 9, 16

不燃ごみ処理センター … 16, 34-37

プラットホーム ……………… 20, 24

フレーク ………………………… 53

ベッドマット分離機 …………… 38

ボイラ ……………… 21, 28, 30

ボトル to ボトル ……………… 53

ポンプ井（集水池）…………… 43

ま

マイクロプラスチック ………… 55

木材粗破砕機 ………………… 38

や

夢の島 ………………………… 43

容器包装リサイクル法 ………… 60

溶融スラグ …………… 17, 21, 27

ら

リターナブルびん ……………… 50

流動床式 ……………………… 26

緑化 …………………………… 29

レアメタル …………………… 59

ろ過式集じん器 …………… 21, 30

監修者 熊本一規（くまもと　かずき）

1949 年 佐賀県小城町に生まれる。1973 年 東京大学工学部都市工学科卒業。1980 年 東京大学工系大学院博士課程修了（工学博士）。現在、明治学院大学教授。ごみ問題で市民サイドからの政策批判を行なうとともに、埋立・ダム・原発で漁民・住民のサポートを続けている。著書に『ごみ行政はどこが間違っているのか？』（合同出版、1999 年）、『日本の循環型社会づくりはどこが間違っているのか？』（合同出版、2009 年）、『海はだれのものか』（日本評論社、2010 年）、『脱原発の経済学』（緑風出版、2011 年）、『がれき処理・除染はこれでよいのか』（共著、緑風出版、2012 年）、『電力改革の争点』（緑風出版、2017 年）など多数。

執筆 辻 芳徳（つじ　よしのり）

元東京都清掃局職員。清掃工場、建設部、埋立処分場、施設部で勤務。清掃事業の区移管に伴い東京二十三区清掃一部事務組合に移籍後、2011 年 3 月退職。現在、循環型社会システム研究会を主宰。著書に『がれき処理・除染はこれでよいのか』（共著、緑風出版、2012 年）などがある。

取材協力 東京二十三区清掃一部事務組合（板橋清掃工場、中防処理施設管理事務所）、文京清掃事務所、みなとリサイクル清掃事務所

編集・デザイン ジーグレイプ株式会社

イラスト 佐藤雅則（さとう　まさのり）
撮影 木藤 富士夫（きとう　ふじお）
写真提供 東京二十三区清掃一部事務組合（p27 焼却灰・溶融スラグ、p31、p36 ハンマー、p40 ハンマー、p43 上、p44、）、関東古紙商事（p56-57）、辻芳徳（p46）、時事通信フォト（p8）、ジーグレイプ（p15 顔写真、p29 クリーンプラザふじみ、p46 回収機内のペットボトル・レシート）

参考文献 『燃焼・熱分解と化学物質』安原昭夫（環境化学研究会）、『主要国における最新廃棄物法制』国際比較環境法センター編（商事法務研究会）、『ごみ焼却技術 絵とき基本用語』タクマ環境技術研究会編（オーム社）、『誰でもわかる!! 日本の産業廃棄物 改訂 7 版』産業廃棄物処理事業振興財団編（大成出版社）／「環境白書・循環型社会白書・生物多様性白書」「日本の廃棄物処理（平成 25 年度版）」「平成 27 年度廃棄物発電の高度化支援事業委託業務報告書」「リサイクル学習帳 小型家電リサイクル法」（以上、環境省）、「資源循環ハンドブック 2017 法制度と 3 R の動向」（経済産業省）、「3 R スリーアール（小学校 4・5・6 年向 3 R 学習教材副読本）」（産業環境管理協会）、「ごみれぽ 23 2017」「ごみ中間処理実務ハンドブック」「化学の基礎」（以上、東京二十三区清掃一部事務組合）、「清掃工場の用語集」（清掃局）、「食品ロス削減リーフレット 荒川もったいない大作戦」（荒川区）、「みんなでつくろう 資源循環型社会」（新宿区）、「プラスチックリサイクルの基礎知識 2017」（プラスチック循環利用協会）、「食品用プラスチック容器包装の利点」（日本プラスチック工業連盟）ほか／一般財団法人家電製品協会、（財）日本容器包装リサイクル協会、3 R 推進団体連絡会、農林水産省「食品ロスとは」「NO-FOODLOSS PROJECT」ほか関連ウェブサイト

ごみはどこへ行くのか？
収集・処理から資源化・リサイクルまで

2018 年 2 月 1 日　第 1 版第 1 刷発行
2021 年 12月 6 日　第 1 版第 5 刷発行

監修者　熊本一規
発行者　永田貴之
発行所　株式会社PHP研究所
　　　　東京本部　〒 135-8137　江東区豊洲 5-6-52
　　　　　　　　　児童書出版部　☎ 03-3520-9635（編集）
　　　　　　　　　普及部　☎ 03-3520-9630（販売）
　　　　京都本部　〒 601-8411　京都市南区西九条北ノ内町 11
　　　　PHP INTERFACE　https://www.php.co.jp/
印刷所
製本所　図書印刷株式会社

©g.Grape Co.,Ltd. 2018 Printed in Japan　　　　　ISBN978-4-569-78729-9

※本書の無断複製（コピー・スキャン・デジタル化等）は著作権法で認められた場合を除き、禁じられています。また、本書を代行業者等に依頼してスキャンやデジタル化することは、いかなる場合でも認められておりません。

※落丁・乱丁本の場合は弊社制作管理部（☎ 03-3520-9626）へご連絡下さい。送料弊社負担にてお取り替えいたします。

63P　29cm　NDC518